最爱中国风

In Love with Chinese Style

精品文化 编

中式餐厅

Chinese Style Restaurant

华中科技大学出版社
http://www.hustp.com

目录
Contents

三义和酒楼

项目地点 / 济南
项目面积 / 880 平方米

本案设计师摒弃了原有外观的复杂传统造型，因地制宜，使空间整体呈现出一幅现代水墨画卷的感觉，并借用极具现代感的铁质烤漆框架搭配水墨画玻璃贴膜，用现代手法表现东方韵味，使整体空间融入济南千佛山的自然环境之中。

大厅和散座区以满足现代人追求简洁、返璞归真的生活理念作为设计的出发点。大厅主要运用麻绳、原木、瓷盘等质朴材料，加上跳跃的现代彩绘图案，形成强烈的风格对比和视觉冲击，从而彰显此空间的个性。散座区主要表达"静中求动"的设计理念。色彩上，大胆地运用中国传统色彩中的绿色及钛白色，色彩间的强烈碰撞是提高整体空间个性和趣味性的一个重要手段。中心区域位置的墙面和顶棚采用山水画书卷的形式，表达出行云流水、延绵不断的效果。周围更以黑色钢制长管灯和叠级灯光，来增加空间的趣味性和韵律感。宴会厅延续了散座区"静中求动"的思路，整体空间从顶部到墙面再到地面，进行了不规则的分割。

这个东方韵味十足的餐饮空间，取其"依循传统"之意，让空间蕴含着不可言喻的东方气息。该餐厅的改造设计也赢得了经营发展上的极大成功，是突显全新中国文化的设计代表作。

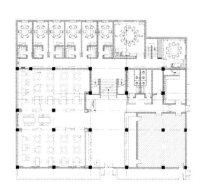

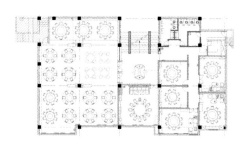

越明年餐厅

项目地点 / 深圳
项目面积 / 1 500 平方米
主要用材 / 大理石、金箔、涂料等

本案设计有意在色彩与顶棚造型方面，较多地借鉴新加坡莱佛士酒店皇朝餐厅中使用过的设计手法，如使用单纯的蓝色、白色及简化的船篷轩顶棚造型等。

餐厅入口处，设有较宽敞的前台接待区域。首先，引人注目的是一面面积较大的金色古典云纹背景墙，在墙体中央形成镂空的月形花窗，内置一尊镏金太湖石，富含高贵之感，又令人赏心悦目。透过窗格，还可一览整洁、干净的大厅用餐环境。地面采用质感高贵的木纹大理石，与简化的蓝色古典椽格顶棚相呼应，使整个空间简洁大方。迎宾接待台直接使用两块巨型方木叠在一起，沉稳大方，与摆设在台面上的中式古典瓷灯和悬挂在接待台后的山水写意风情画组合在一起，顿时使接待区充满了自然与人文气息。

大厅区域空间宽敞明亮，顶棚亦是使用简化的船篷轩造型，使空间设计一气呵成。蓝色的顶棚之下是白色家具与浅色地面，整个空间显得干净、清灵、毫无压抑之感。博古架及柜体上的装饰物、莲叶摆件与墙面上点缀的金箔云纹、瓷鱼饰物等，给空间增添了一番灵动的趣味，似乎这里就是一幅江南"莲叶何田田，鱼戏莲叶间"的远离尘嚣的乡间景象。

三明餐饮会所

项目地点 / 福建
项目面积 / 560 平方米
主要材料 / 皮革、壁纸、大理石、铁刀木、银箔

在这个充满中式情怀的空间里，从结构布局到室内陈设，都弥漫着优雅的古典气息。大面积的原木装饰贯穿于整个空间，局部暖黄色灯光的铺排透射出一丝奢华、典雅的气质。空间以婉约、大气的姿态展现在每个人面前，宴会厅以浓重的色彩元素，高级而又极具质感的材料让空间简洁而不失内涵。大气的落地窗将窗外灯火阑珊的夜色的引入室内空间，映衬出会所古典、奢华的气息，同时在视觉上赋予宽敞、明亮的感觉。这种感觉正是注重内涵的人士所向往与追求的。本案通过简洁的线条对中国传统文化进行准确表达，完美地演绎了中式文化和现代简约的视觉冲击，让人产生耳目一新的感觉。简约的设计中带有中式古典文化韵味，两者的完美交融是空间设计中的新时尚风向标。设计师将古典元素以现代手法诠释，注入中式的风雅意境，使整个会所空间散发着淡然悠远的人文气韵。

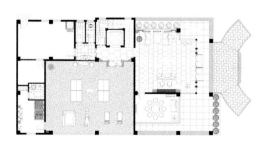

海联汇

项目地点 / 福州
项目面积 / 320 平方米
主要材料 / 实木、PVC 仿古木地板、皮革硬包、锈处理方钢、藤制品

本案有别于一般意义上新中式风格的华丽感和复古性，更讲究陈设、配置和商务空间中人文气息的营造，着重于提升空间的品位，在简化传统中式元素的同时，又保留东方意境。在视线所及范围中并不见中式装饰常用的木刻雕花、青花纹理、大红灯笼，却用那一泓清泉、一张藤椅、一幅水墨画便能让客人感受到其内敛的中式禅意。

或许是源于"海联汇"的名称，设计师根据业主的要求，将"水"和"海"的概念作为餐厅设计的主题。 在所有象征海、水概念的元素中，设计师以水波的圆弧纹理为灵感，将形态、大小、组合方式不一的"圆"呈现于空间各处。 餐厅出口外立面墙上错落镶嵌的各式圆形陶盘装饰，质朴之余，也在传达关于餐饮的信息；大面积的顶棚和背景墙被刷上圆弧纹理，空调出风口则设计成水纹状的圆形，犹如水波荡漾；入口及大包厢的玻璃表面漆上海水螺旋纹，大圆套小圆的效果也被不断重复。公共就餐区的隔断围栏内，白色管状元素织成有序的纵向线条，传达出"雨"的概念。此外，以水母、海藻等海洋生物为创作原型的落地灯散落在空间中。蜿蜒的形态和流水般的纹理使整体空间造型风姿绰约，其藤制工艺在无形中又为空间增添了几分清淡、雅致的情趣。

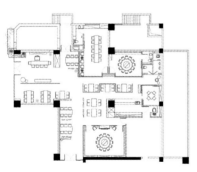

锦裕食府

项目地点 / 佛山
项目面积 / 600 平方米
主要材料 / 古木纹大理石、黑色不锈钢、橡木饰面染色、玛卡洛尼仿古砖

餐厅位于高端社区的高端写字楼中。设计以"锦纹"为主题。整体餐厅的布局分为大厅、卡座、半开放区及包间，让宾客可享受更多、更灵活的用餐形式。电梯区大片古木纹大理石地面散发出低调奢华的气息，墙身的透光镂空凤纹图案通过顶棚的镜面不锈钢反射交织成趣。从室外到室内的强烈对比使空间之间形成落差。在这里，可以让宾客放慢脚步，停留片刻，开始广式早茶的优质生活。

红酒窖区在暗藏的灯光映射下，呈现出餐厅卓而不群的高端定位。其中最具特色的为半开放式用餐区。其设计灵感来自"高山流水"之意，双层玻璃夹胶的简单做法与顶棚的反射形成天井之意，画面交织出水墨山水的意境，修身养性寄于品茗用膳之间。

大厅和包房则在整体灰调子下体现锦纹主题。其中包间以中国三大名锦（蜀锦、云锦和宋锦）为主题，让美食与文化混搭成趣，成为文化传承的亮点。

整个餐厅的照明精心设计，让直接照明、情景照明和装饰照明相互配合成一个整体。灰调子空间呈现出独特格调，极其用心的设计细节融汇在特有的东方审美之中，让宾客能在其中细细地尝美食、饮佳酿、品文化。

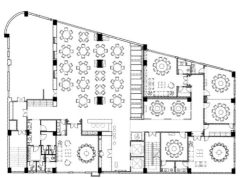

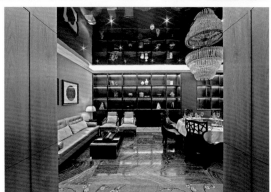

和谐苑

项目地点／福州
项目面积／2 000 平方米

本 案是一所四层楼高的餐饮、休闲会所。有别于以欧式新古典为主的设计潮流，抑或是以抽取少量典型传统元素为点缀的新东方风格，设计师采用大量的传统符号进行标新立异的组合，用现代工艺完整地将中国传统艺术进行了一番精彩的演绎。

设计师采用古典的大红、金黄为主色调，配以原木家具的色彩，契合了古代宫殿以红、黄为主的色彩美学，彰显了空间的华贵及气势恢宏之感。每个包间设有就餐区与休闲区，休闲区的布置焕发出令人神往的中式儒雅风韵，让人感觉到舒适的室内格调。空气中飘荡着的淡淡茶香与家具的实木气息相结合，生活方式与中式文化融合在一起，一气呵成。空间线条设计并不繁杂，设计师在第二、三层的包间之中设计了大量弧形的切面、整体造型墙体及镂空墙体，使中规中矩的室内环境在曲线形的墙面下不显守旧。与之相对应的是蜿蜒回旋的过道，"幽"在这曲径之中，"美"在这回转之间，传承了古人"曲径通幽"的艺术审美观。装饰材料运用中实木较多，桌椅、案几、板凳等室内家具，以及吊顶、门窗等设备，在材质属性不变的基础上，设计师通过肌理的处理、造型的多样化及颜色的细微差异让每一件单品各具特色。

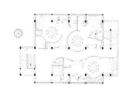
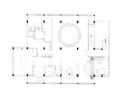

泼墨之美

项目地点 / 福州
项目面积 / 1 000 平方米

东方美有一种让人难以抗拒的吸引力，无论素净或奢华、沉静或热烈，都有其独特的文化气场。沿着楼梯婉转而上，错落有致且形态各异的金属吊顶、木色伞骨架和青砖黛瓦般的四壁仿佛瞬间将人们带入了一幅古典画卷。

大堂中四个姿态不一的红人宛如一道屏风，设计师参考了唐朝《舞乐屏风》——以舞伎、乐伎为制作题材，锦袖红裳，人物飘逸俊美。"前音渺渺，笙箫笛筝，琵琶拍板、筚篥鼓叶"，表现永陵乐伎中细说前朝场景的雕塑是中国古代贵族生活的写照。于是生命在空间里充盈灵动，空间拥有了一份浪漫主义的气质。荷花在立体壁画和屏风中被大面积地突显。"荷叶五寸荷花娇，贴波不碍画船摇。相到薰风四五月，也能遮却美人腰。"这出淤泥而不染的清廉之花深得古代文人雅士的喜爱，但从设计师手中表达出来，却有了一种婀娜多姿的自然之趣和大气深邃的东方意境。

寿州大饭店餐饮区

项目地点 / 北京
项目面积 / 800 平方米
主要材料 / 意大利木纹石、水曲柳肌理板、仿古砖、原木、皮革

本案为寿州大饭店的餐饮区域。设计上沿用了项目整体的中式风格，以保持大饭店整体空间风格上的统一。包间的格调以中式为主，也有少量欧式风格的房间，但即使是欧式的主题，设计师也在其中加入了中式的元素。
项目整体色调以淡雅的素色为主，以展现中式风格的内敛。软装搭配体现出设计师的深厚设计功底。

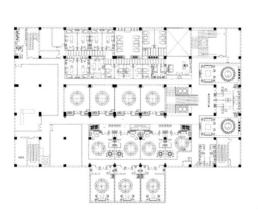

蓉府餐厅

项目地点 / 成都
项目面积 / 2 000 平方米
主要材料 / 木地板、RAK 地砖

本案的空间定位有别于传统的高端餐饮空间，设计上突出艺术品
自身的特质。设计师采用新中式风格，同时在空间中融入原创
的艺术。

材料上以原木为主，表达出一种自然、奢华的感觉。很多细节设计上
采用对比的方式，比如相同质感的石材在不同的地方形成光面和烧面
的质感细节对比，使整个空间彰显出低调的气质。

功能上采用多样化设计，可灵活变更的包间空间适合多种的功能需求，
吸引了大批文化品位较高的人群。这里独有的文化氛围和彰显身份的
高档次的空间感受是吸引这一人群的主要原因。

潮泰轩

项目地点 / 深圳
项目面积 / 1 200 平方米

深圳彭年酒店中的"潮泰轩"食府是深圳有名的餐厅。食府内部以传统的中式风格为主，典雅装修配合现代的材料及工艺，在布局、造型及功能空间的设计上均诠释了中国传统文化的精髓，散发出浓郁的东方之美，洋溢着浓浓的潮粤风情。

工体便宜坊

项目地点 / 北京
项目面积 / 2 100 平方米
主要材料 / 石材、真石漆、金色特殊漆、装饰灯具、印纱画

设计师赋予此空间"大宋情怀"的主题，以宋朝山水花鸟画作、词牌的意境等为载体，以"叙事"的方式来演绎空间整体协调而细节丰富的就餐空间。

入口处高高在上的"亭台"，将空间分为两个区域，一侧为挑高达9米的气势磅礴的婚宴区，一侧为传统的散座区。宋代之山水画，博大如鸿，飘渺如仙，意境挥洒如行云。"亭台"宛若山水画之中的一处雅居，水波荡漾、树影婆娑、鸟语花香，将人们带入幽然神往的意境之中。

宋式变异回廊的呈现在某种意义上界定了空间，并作为主要的动线承载着一定的功能。回廊两边配以曼妙的灰色轻纱，演绎出"无意苦争春，一任群芳妒"的场景。两个大包间满足了高端的商务需求。宋代仕女的服饰，严谨的家具配色，工笔花鸟的绘画作品，将"春深雨过西湖好，百卉争妍，蝶乱蜂喧，晴日催花暖欲然"演绎得淋漓尽致。

水墨江南

项目地点 / 武汉
项目面积 / 1 200 平方米

本案设计从建筑入手，将一个荒置多年的框架结构重新整合。灰白、白、木质的颜色便是整栋建筑全部的色彩。建筑的条形开窗如同中式画屏，让人从室内望去步移景异，呈现出一幅"犹抱琵琶半遮面"的场景。楼前开挖的水池沿着池壁泛溢的瀑流，余波荡漾，煞是生动。

整个门楼中庭的天顶完全打开，以中式天井为原型。顶棚玻璃下采用铜色铝板镂空树叶纹饰，使阳光洒入室内。中庭内悬挂的灯饰犹如荷花的苞蕾，又似一个个飘浮的孔明灯。建筑后部为保留一棵古树，特意规划出一处小天井，楼梯绕树而上。古树冲出天井，呈现一片茂林之势，建筑与树共生，一派和谐景象。

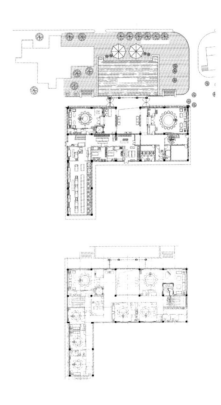

三市里胡同餐厅

项目地点 / 宁波
项目面积 / 400 平方米

最初的设计构想是希望顾客能享受到愉悦的用餐环境，与餐厅的整个设计产生共鸣！乐（lè）同乐（yuè），所以运用了乐器作为设计元素贯穿整个空间。餐厅的主要材料为竹子，其与餐厅风雅的建筑结构十分协调。

餐厅入口处设置了两个休息等候区，以乐器鼓做成桌、凳，竹节高低错落地镶嵌在墙体上，示意音乐的韵律，呼应主题。收银台顶部照明运用了笛子暗藏灯带，做成天然光源。二层隔断用快板串联成墙，突破传统隔断的设计，透过快板的空隙可以隐约领略隔断后面的风情。本案设计的另一大亮点就是天井。鱼池上方用当地常用的酒缸叠加成3米高的涌泉墙，"泉水"潺潺流下、绵延不绝。为了营造江南烟雨如画的氛围，在屋顶的瓦片间安装了少许水管，无论晴天或是阴天，顾客都能感受到那一份清凉，雨水附和着瓦片散发出一份穿越百年的古老气息。

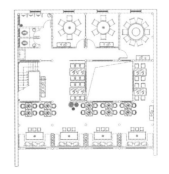

京兆尹素食餐厅

项目地点 / 北京
项目面积 / 1 298.5 平方米

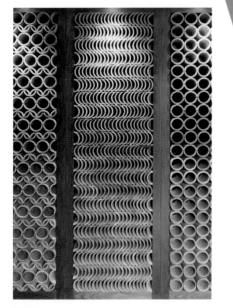

设计师尊重四合院建筑的核心元素——院来进行设计。尽管原有的一个院子需要封起来，但希望仍然保持两个院子的感觉，因此将封闭的院子做得尽量通透、明亮，用一个悬挂的八面屏营造既开敞又亲密的空间，使两个院子空间形成了对比。

设计师采用了传统材料，并以现代工艺展示，从四合院中提取了木、砖、瓦等典型材料，用非常规的手段和建造方法来组织它们：将木做成砖来砌筑；砖叠涩本是墙的砌法，但被移植过来建造成吧台；屋顶上用的瓦则用来搭屏风。其目的是达到传统和现代的共生与结合。

在景观设计上，把传统庭院内的元素简化成几个色块和不同的材质，如暗红色的木框架、灰色的砖铺地、灰白相间的石子，设计师希望将古代景观中的琐碎去除，把其精华表现出来。

大董（南新仓店）

项目地点 / 北京
项目面积 / 1 400 平方米
主要材料 / 丝网印刷艺术玻璃、硅藻泥涂料、黑色抛光地砖、黑钛不锈钢板

大董餐厅南新仓店位于北京明、清两代的皇家古粮仓群所在地。本项目作为新扩建的部分，包含一个多功能厅及四个高档独立包间。

竹是这个新区域的设计主题。中国山水画中的散点透视手法被运用于整个空间的设计。竹的不同的近景、中景、远景同时融于一个空间之中，形成了丰富的层次和景深。新技术的运用将中国水墨艺术的意韵和洒脱发挥到了极至，水与墨、黑与白在极度超现实主义的空间中互相渗透。墙面与地面发光的竹叶，通过LED照明控制系统来变幻色彩，营造不同的自然场景，让人感受四季的变化。项目中所使用的主要材料都是当地可再生的自然材料，并加入了设计师对中国传统文化的认知及思考。设计师希望用水墨来表达高雅的趣味和韵味，打造纯正的充满东方文化与智慧的中式经典空间。

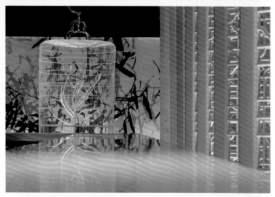

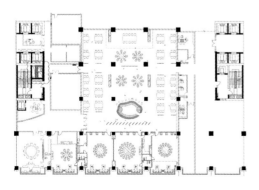

刘家大院

项目地点 / 江苏
项目面积 / 5 000 平方米

江南宅院为私家园林的代表，它经历岁月沉淀，带来一份并未远去的居住质感，潜移默化间令身心为之舒畅，以其自然舒适、阳光充沛的个性，成为传统建筑布局的典范，传承着古典居住文化的内涵。

乾隆年间的宰相刘墉（1719-1804）曾两次担任江苏学政驻节江阴。刘家大院即刘墉于江阴任职期间的官邸。刘家大院吸收刘墉故居的地域文化，还原其建筑古宅，利用建筑及环境的先天优势，打造出具有现代功能的人文餐饮会所，传承故居文化、名人文化和江阴文化。原生态与时尚的现代设计风格相结合，创造一个城市、建筑、自然与人和谐共处的中间地带。

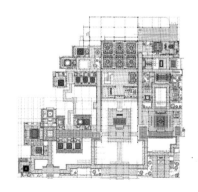

骊宴会馆餐厅

项目地点／成都
项目面积／3 000 平方米
主要材料／瓦伦西亚米黄大理石、紫罗红大理石、柏丽米黄大理石、
　　　　　银丝大理石、阿富汗黑金花大理石、意大利木纹大理石、黄金洞

为表现盛世大唐的风采，会馆命名为"骊宴"。从一层门厅开始，设计以表现传说中的"骊宫"为主题，空间及陈设以唐代的服饰为主要元素。丰富而不散乱的色彩让空间中多了一份"性感"。二层为不同风格的 25 个包间和 7 间独立茶房，设计师分别将大唐时代的建筑艺术、家具艺术、工艺品、书法绘画、宗教、图案艺术、西域文化贯穿于不同空间中。

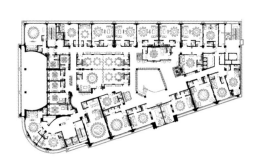

北京鲁味坊孔府菜酒楼

项目地点 / 北京
项目面积 / 1 200 平方米
主要材料 / 石材、地毯、灰色地砖、壁纸、胡桃木墙板、灰镜

本案一方面致力于挖掘濒临失传的孔府菜品，一方面着眼弘扬最具内涵的东方餐饮文化，设计师试图打造出以文化为依托、美食为载体的高端休闲场所。

整体布局以包间形式为主，每间均有落地窗，独立、静谧，并辅以一个小型的餐饮散座区。走廊尽头设置对景，收银台和总台设置在隐蔽空间中，避开客人行走空间。

餐厅中的 12 间包间只有面积大小之分，而无档次高低之分，包间采取同样的手法、相同规制来设计，只将名字、窗帘和字画区分，使客人不论人数多少，都能尊享相同的优雅环境。包间将传统菱花门作为设计的主要元素，以明式家具的简约线条勾勒出一个清雅的空间环境。米色、红色、木色、些许的金色为空间内的主要颜色，无处不让人感受到"洗尽铅华，清新雅致"的意境。

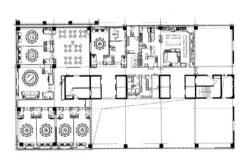

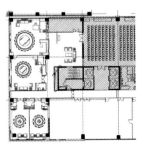

东区音乐公园蓉锦一号

项目地点 / 成都
项目面积 / 1 200 平方米
主要材料 / 中国黑花岗石、烤漆木花格、酸枝木、草编壁纸、麻布

本案以茶、餐为主营的商业定位，设计以中式的传统元素为主，加以时尚的烤漆木格形成繁与简的对比。陈设设计中精心地配置了传统的食盒、食篮，以及茶艺品，营造出极具品位的空间氛围。

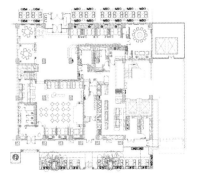

眉州东坡酒楼——亦庄贵宾区

项目地点 / 北京
项目面积 / 1 700 平方米
主要材料 / 棕云石、银白龙、真丝壁布、印刷丝绸玻璃、激光切割铁板屏风

眉州东坡亦庄贵宾区位于北京亦庄眉州东坡酒楼的四层，是基于现已极度饱和的就餐空间中新增加的楼层。1700 平方米的整层面积只规划了 9 个包间，最大的包间面积达 180 平方米，最小的也将近 60 平方米。品牌创立人期望新的楼层能将博大的东坡文化融入奢侈的空间环境，让顾客在舒适、优雅的空间里享用美食同时，感受到东坡文化的浓厚氛围。

设计师尝试运用现代的手法，演绎中国传统文化的内在精神本质，展示新材料和传统材料的无限可能性。利用水墨方式呈现中国传统哲学的处事之道，空间中充满灵动的自然之美。

空间中运用大量的传统丝绸面料，并与玻璃材质相结合，创造出充满自然美又兼顾时代感的新材料，表现出传统艺术的温婉雅致。当你变换观赏角度，印刷丝绸玻璃则会产生不同的光影效果。

在四层电梯的入口处，一面仿古铜镜映衬出的画面着实令人叹为观止，入口对面的铁艺雕刻屏风巧妙隔开等候休息区和收银区。传统的中式屏风，由现代的钢铁材料和最新的激光加工技术重新演绎，呈现出迥然不同的审美情趣，使空间像充满禅意的中式园林。

三亚七仙岭西餐厅

项目地点 / 海南三亚
项目面积 / 1 013 平方米

设计师将这个半开放、半私密、半公共的空间融入蓝天碧海与山清水秀之中，利用庭院、特色走廊等过渡空间，以达到室内外的完美融合。古朴与现代巧妙混搭，取材天然，使人得以在大自然的环境中惬意体验当下的闲适。

从来佳茗似佳人，禅茶一味悟自心。一层的茶书吧被分割成几个部分，注重于私密空间与公共空间的互动关系。多层次的过厅给空间增添了仪式感。大面积的户外景观与室内空间遥相呼应。

其下如是，其上亦然。二层的西餐厅空间设计格局大面积地运用落地窗，仿若隐逸于空谷中的一颗璀璨的钻石。延续一层雕花屏风的局部隔断，光影互动，交织成趣，给空间增添私密性。以竹木饰面的吊顶区分整体空间。空间动线的合理规划让客户在取餐时更方便。宽大舒适的布艺沙发，更是为整个用餐环境增添了更多的轻松氛围。户外的用餐空间让人既能在日间享受风和日丽的美景，又能在夜间一睹星月交辉的夜空。

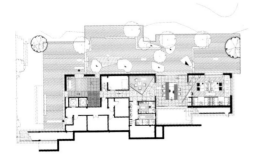

烧肉达人（上海五角场店）

项目地点 / 上海
项目面积 / 350 平方米

本案面积约有 350 平方米，整体空间围绕着"时尚老上海"风格，利用回收的旧木材组装成窗扇门片，以及用红砖墙拼凑色彩斑驳的墙面，同时延续连锁店利用木炭来突显烧肉的特色。本案在设计上融合简约与复杂、传统与现代，创造出丰富的空间层次。

设计师利用原建筑剪力墙结构，将用餐区分隔成了两个风格迥异的空间，一边是法租界区思南公馆老洋楼的窗板，一边则是石库门中式红砖墙。透过剪力墙的几个窗口使两空间相互"窥望"，映射出现今上海新旧混搭的都市风景。

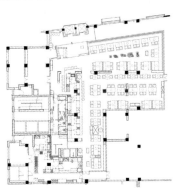

鹃城首席

项目地点 / 成都
项目面积 / 2 400 平方米
主要材料 / 黑木纹大理石、雅典灰大理石、意大利木纹大理石、
直纹花梨木、防腐木、圆木方

本案具有得天独厚的景观优势。设计师结合休闲、餐饮的功能需求，将景观设计与室内设计紧密结合，相互借景。在空间设计中以轻松的手法来演绎，以淳朴的材质表现美感，同时在淡雅的色彩中寻求对比。

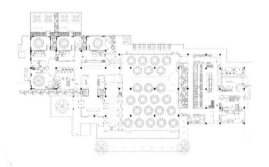

宽窄巷子大妙火锅餐厅

项目地点 / 成都
项目面积 / 1300平方米
主要材料 / 人造石、花梨木、烤漆花格、艺术涂料、金箔

宽窄巷子是成都的一张名片，这里既汇聚了清末民初老皇城的记忆，又装点了当代成都的时尚。大妙火锅餐厅位于窄巷子的东头，是一座两层半的钢结构建筑，具有仿旧质地的外墙。
设计之初对建筑空间重新进行了整理，形成了完整的围合式中庭空间，并在端景墙处加入了舞台的设计。设计主题来源于代表清末民初艺术的珐琅彩瓶，从珐琅彩瓶中提取图案元素、色彩元素、造型元素，并与实际的用餐空间结合。材料以花梨木、红蓝白相间的人造石、艺术肌理的米色大理石为主。各具特色的11个包间分别表现了月份牌、刺绣、老成都印象图片、线描民俗艺人场景等。

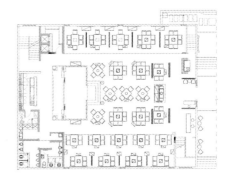

牛公馆（宁波水街店）

项目地点 / 宁波
项目面积 / 350 平方米
主要材料 / 青花瓷大碗、筷子、茶镜、橡木、毛竹、中国黑大理石

牛公馆是一个来自台湾的品牌。第一家门店已经于 2010 年初在北京开业，位于宁波的第二家分店于 2012 年中期开业。

本案空间没有高深的设计理念，只有 20 年前吃面的回忆。青花瓷大碗、筷子、热腾腾的烟雾缭绕，加上一个盒子叠加的空间概念，就是这家面馆的主题。

本项目空间位于整栋建筑的一角，共两层楼。特殊的建筑设计下有许多斜撑的建筑结构钢梁，这一点在窗户的利用上产生变化。所以设计师做了几个主要的方盒子，盒子叠加成为空间的主体。有趣的是，盒子的墙板开了许多方洞，透过洞口可以看到宁波有名的毛竹。

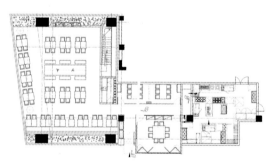

南堂馆餐厅

项目地点 / 成都
项目面积 / 2 000 平方米
主要材料 / 黑木纹、绿玉、黄金洞石、爵士白、红洞石、樟木、白影木、黑

南堂馆在清末民初时泛指高级的外送酒肆。本案主题元素定位于旧时送礼时所用的抬盒，运用不同材质、不同色彩及不同尺度来形成空间的主体造型。整体以"一间南堂馆、两个性格、三条巷子、四种包房"来梳理空间，并赋予空间川菜文化、烹饪文化、色彩文化和民俗文化，移步换景。此外运用符合当代审美的构成手法、灯光形式，来烘托空间朴实中的高贵感。

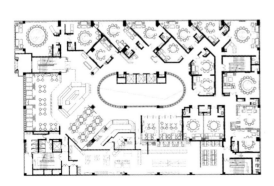

金钻酒家

项目地点 / 汕头
项目面积 / 4 000 平方米
主要材料 / 鸡翅木、黑色不锈钢、金箔、黑木纹大理石、地毯

金钻酒家是潮汕地区高档潮菜的一块金字招牌，在本地餐饮界享有盛誉。设计以潮汕文化为主线，注入潮流的设计元素，充分体现"中而新、潮而时尚"的设计理念，空间以黑色、金黄色为主色调，融合中式宫廷般的气派，塑造出潮汕的文化特色。

通道与过厅的设计中，地面采用金世纪石板与月光米黄石板，配以黑木纹大理石，在过厅处点缀传统花式演变而来的地拼花；墙体饰以金漆木通雕，与顶棚造型相呼应，形成视觉中心。

餐厅中顶棚槽及地毯的图案提炼自传统中式吉祥图纹。设计师将两侧柱体有意识地连成方形门廊，打破空间平实的造型，并使之有中式韵味。门廊处各有一块传统文化内容的金漆木雕，传递着潮汕文化。右侧墙体采用定制的铝板网印的中国古代十大名画之一的《清明上河图》，外垂珠帘，传统文化因现代手法的塑造而增添了新鲜与活力。

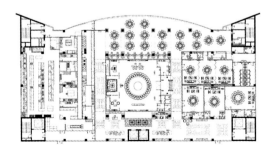

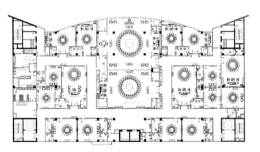

成都映象

项目地点 / 成都
项目面积 / 1 800 平方米
主要材料 / 生活家巴洛克地板、美标卫浴

本案被分为一层 、二层两个完全独立的区域。一层较高的层高用钢结构分隔成两部分，以获得更多的使用面积。一层在分隔后层高降低，因此一层尽可能设计成了开敞的空间，大量的散座 、卡座为日常的用餐空间和下午茶的会谈空间。二层除去厨房以外全部做成小到两人、大到二十人的包间，不能回避的大楼核心筒和环形消防通道贯穿了所有包间，也成了设计的重点。

细节上设计师采用了较多线形照明来重新勾画空间，让空间具有明快、高效的指向性。材料上采用大量定制的门及墙板，以保障质量。石材采用多道加工工序，以在石材上呈现丰富的肌理。腐刻铜板也让本案增添了一些中国韵味。在如何表达中国元素的问题上，设计师抑制了以往大而全的雄心，而是选用少许的细节元素彰显空间浓浓的诗意，事实证明，最终的效果给许多观者留下了深刻的印象。

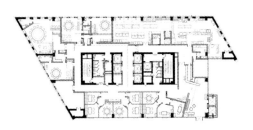

热河食府

项目地点 / 石家庄
项目面积 / 2 600 平方米

"古韵新风"，去其形，存其意。

本案为"热河食府"，是一家经营塞外宫廷菜的中餐厅。设计师以承德文化作为大背景，融合木兰围场、避暑山庄、外八庙等建筑特色，将人文与自然风光融为一体。大幅的中国山水画、自然景物布景、青花瓷器、京剧脸谱、紫砂壶、象棋、彩蝶像一个个精灵，向人们展示着避暑山庄七十二景的自然风光。走进热河食府，仿佛眼前呈现的是清朝鼎盛时期的歌舞升平，令人浮想联翩。

古韵犹存，新风焕然。简洁的空间界面内没有一丝多余的表达。"见光不见灯"的光环境营造使空间显得深邃而悠远，且富有层次。茶镜的使用使空间富有变化，呈现出多样的表情，使空间得到延展的同时也对装饰进行了"无成本复制"。在装饰画的运用上，设计师更是别出心裁将一本介绍清帝和避暑山庄的书籍拆散进行装裱，在装饰空间的同时更加精确地传达了承德文化。

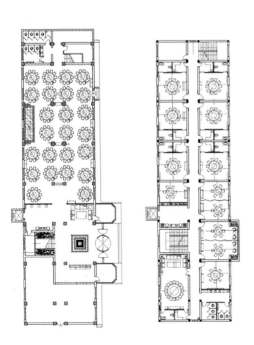

海南一品和兴酒楼

项目地点 / 海南
项目面积 / 5 000 平方米
主要材料 / 黑木纹大理石、灰麻大理石、铁刀木

本案中，设计师运用了简练的手法演绎中国元素，化繁为简，低调而又写意。一层工作区只设置服务前台和一个小型的产品展示区。大堂参照天井的形式设计了中庭园艺。灯光方面分为两组以营造出白天和夜晚的效果。二层设计上的精彩之处是每间包间原有的墙体再退缩 2 米，利用柱与柱之间做了一道屏风，形成了一条内廊道，与主通道之间虚实相交，具有强烈的空间感。三、四层走廊最窄的部分都超过 3 米，每个包房的门口都退缩 2.7 米，形成一个很有体量感的门关，设计力求简练。在陈设方面，设计师专门找来工匠按 1∶1 的比例复制了十二兽首作为三、四层走廊的摆设，颇具创意。

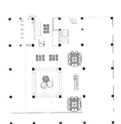

吴裕泰内府菜（东直门店）

项目地点/北京
项目面积/1200平方米

吴裕泰是创立于1887年的徽商老字号，是晚清时期徽州六大茶行之一。内府菜是吴裕泰的衍生品牌，是经营茶、养生宴的高端商务餐饮品牌。东直门店是吴裕泰内府菜的第一家店，位于北京特色餐饮街——簋街东口。本项目延续了吴裕泰品牌的底蕴，以北京四合院建筑文化为蓝本，在一栋建筑面积为1200平方米的三层楼里打造出一个立体四合院来。一层为散座区，还有茶礼销售区和演艺平台，二、三层都为包间区。本项目以配饰设计见长，设计师在狭小的空间里，通过画龙点睛的配饰，将时尚、亮丽的元素恰到好处地融入空间中。

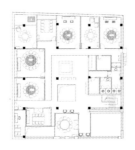

马仕玖堡（丹露店）

项目地点 / 乌鲁木齐
项目面积 / 480 平方米
主要材料 / 米白微晶石、白色方管、茶镜、白描挂画、石膏板、
深色木地板、鸟笼灯、马头灯

马仕玖堡是新疆的一个连锁中餐品牌。本案位于乌鲁木齐市中心商业广场，不同于该品牌的其他店面，该店消费对象主要为年轻时尚的白领。本案设计重点突出了现代商务时尚餐饮空间与周边高端国际品牌的呼应与融合。

本案采用简洁的现代设计手法，以白色、灰色为空间主色调，将空间元素进行合理搭配。以洗练的笔触、纯净的手法、普通的材料营造动人的空间效果，表现出空间的内涵和独特的气质，将实用与时尚的新中式风格融在一起。对中式的风格进行了全新的诠释，用整体统一的色彩搭配、独特造型的鸟笼灯、白色中式椅等元素营造出诗情画意与现代都市精致的生活品位。

本案大面积采用木格灰镜墙面，让不大的空间彰显简约、大气。别出心裁地把半张白色中式椅挂在茶镜墙面上，让人深思而又充满趣味，恰到好处的鹅卵石、马头灯造景令人难以忘怀。过道一排整齐的时尚鸟笼灯让整个空间饱满、充实，虚实相称。白色的方管隔断营造出一种既私密又空旷的放松的就餐空间。

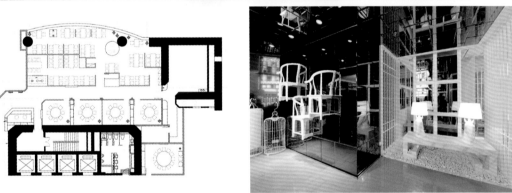

朴素餐厅

项目地点 / 重庆
项目面积 / 500 平方米

朴素餐厅是一间素食餐厅，提供绿色、自然的纯粹素食餐饮。朴素者，天下之大美。这个设计中，设计师试图去营造一个可以让身心片刻宁静、抛开当下的喧扰、去寻找每个人本真需求的空间，人和自然在此达成更和谐的关系，并讲述了一个朴素的生活哲学。

本案设计用尽可能少的设计语言，去表达含蓄内敛的东方文化。空间中没有具象信息，而是采用暗示和含蓄的表达。

收和放，是空间布局的重点。从起伏蜿蜒的隧道到豁然开朗的穹顶，从临窗见江的开放明亮到竹栅围合的私密幽暗，通过收、放的布局去引导顾客心理感受的变化。

设计中仅用到两种主要材质——竹和石。江西的细竹片条制作了围合隔断、隧道、穹顶等，地面也铺贴了同样的竹条。装饰墙面使用了福建的灰色花岗石，保留了刚刚开采出来时的石面，通过自然的叠加起伏展现出丰富的效果。

好客山东大丰餐饮

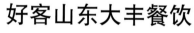

项目地点／郑州
项目面积／600平方米
主要材料／青砖、汉瓦、白墙、鸟笼、红灯笼、中式花格

本案位于中原之都——郑州，建筑面积为600平方米。 整体方案以山东文化为背景，容纳山东各地风情元素。中式造景手法中的"借景、步移景异、曲径通幽"在这里得以充分的体现。大堂设计着重体现大气、内敛，采用极具中国特色的红灯笼烘托了整个大堂红火的氛围。包间设计以山东各地取名，其在设计上取"济南泉城、五岳泰山、孔圣曲阜、海滨青岛、菏泽牡丹"等地方元素，突出主题。此外，空间的设计极具建筑感，给人以连绵不断的山脉之感觉，青砖、汉瓦、白墙、鸟笼、红灯笼、中式花格等元素用现代的手法贯穿于整个空间中……

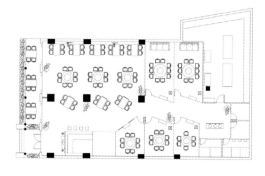

春天里新川式健康火锅

项目地点 / 成都
项目面积 / 1 400 平方米

重新发现隐藏在日常生活中的美，回归田园、享受自然，成了本案的立意之源。

"春天里，桃花开，田边农舍炊烟袅袅，而夕阳的光透过木窗溜进了灶台。"这一幅田里乡间的景象，构成了本案所要表达的空间情怀。顶部正如梯田，一块块的并置着，"田边的小道"正好拿来将灯藏入，只留下光。地面如屋后面的竹林，一条条的错落着，和着泥土的颜色，仿佛正听见风的声音……

日本设计师原研哉说："只有空的容器，才有装入无限东西的可能。"的确，空纳万境，间中有情。

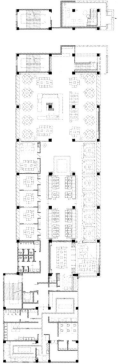

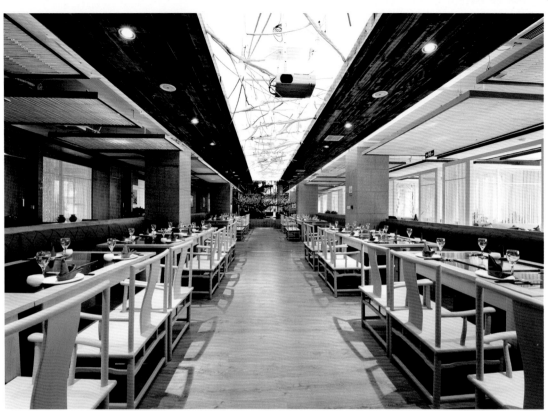

蜀九香

项目地点 / 濮阳
项目面积 / 2 000 平方米
主要材料 / 竹子、仿古砖、石雕、中式屏风

蜀九香，"蜀中味、九州香"。

"天下大事必做于细，天下难事必做于易"，而蜀九香，却已达到了从难而易、化繁至简的至高境界，古朴而不腐，现实而不浮。细致入微、体贴周到的服务，让顾客在品清茶、尝火锅的同时，更多品味的是浓浓的巴蜀风情。

人常说"蜀道难，难于上青天"，蜀九香，却正历经千锤与百炼，将它那不变的味道，从那馥郁芬芳的火锅料底中传出，传遍巴蜀，传至神州大地。

设计师在深入了解蜀九香浓厚的文化背景基础上，结合 2 000 平方米的现场情况，以极简的设计手法来诠释中国古典的传统美。在材质的运用上以青石、竹子为主，营造出自然、纯朴的就餐氛围。

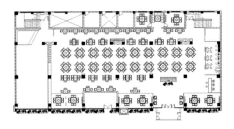

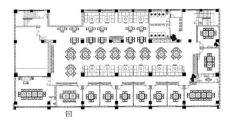

束河元年

项目地点 / 丽江
项目面积 / 3 500 平方米
主要材料 / 生态木、乳胶漆、水曲柳饰面板、中国黑花岗石

束河元年坐落于丽江。本案的设计理念来源于古镇古朴的原风貌，以"院落生活"为理想蓝本，搭配富有民俗韵味、古意盎然的家具饰品。许多纳西古民生活与劳作的物件也重新萌生创造力，瓶、箱、笼、凳、椅以各自独有的造型及色彩，呈现出不同的视觉美感。接待大厅中央纳西风格的梁柱体现着古朴的纳西文化，透露出自然对这片土地上人们的眷顾。纳西木雕是本案整个室内设计的灵魂所在，从餐饮区室外的连环木雕到接待大堂顶梁柱，从走廊的立柱到客房的横梁，再到房门、号牌等，都能看到纳西木雕。为了搭配这一传统工艺，所有的装修材料、配饰都以传统材质为主，例如特殊烧制的青条砖、实木、硅藻泥、稻草板、铜艺灯等，当地的各种自然荒石和老木头更是院子里独一无二的风景。

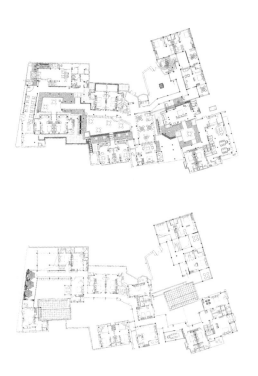

四季民富烤鸭店

项目地点/北京
项目面积/840平方米
主要材料/青石板、西奈珍珠、灰麻条石、黄麻条石、石材、麻刀灰、扁铁

在今天，由于材料种类的丰富和技术的进步，使得用极致的设计打造一个顶级餐厅已经不是太难的事。但如何设计为大众消费服务的空间，着实需要平实中见思想的真工夫。四季民富烤鸭店在设计上更注重对平民消费的亲和性，但因其所在城市的都市文化背景，又需要对饮食的文化气氛加以强调，并不失时代感，这成为本案的设计重点。

新中式风格是本案的设计主题，对于传统中式风格中厚重、严谨的设计理念和视觉元素，这里不做过多提倡，而是意在加入亲民的休闲气息。设计贴合传统的老北京烤鸭主题，空间的色调氛围尽量淳朴，材料的应用尽可能地贴近自然，空间大面积使用从旧建筑中回收的老榆木，翻新后保留了其天然的肌理效果，再配合青石板铺装的地面，呈现出质朴的质感。

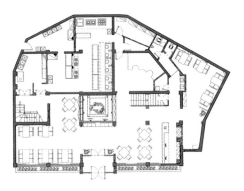

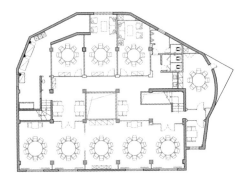

苏园

项目地点 / 郑州
项目面积 / 5 400 平方米
主要材料 / 木纹石、柚木饰面板、氟碳漆、实木花格

"**风**雅吴地、水墨江南"。江南留下无数文人墨客的行迹，也留下人们印象中一幅浓淡相宜的水墨长卷，这就是设计师在本案设计中所要传达的思想和意境。

设计师在原有建筑物的加建及改建基础上，植入了中国传统的"院落"形式。首先在平面规划上，把苏州园林的"园""巷"的意境体现在酒店的中庭庭院和大堂的入口处，既营造了灵秀的入口中庭的空间，又很自然地把江南建筑的元素和特质体现出来。

外立面向内单坡的屋顶，既体现江南建筑的灵秀特征，又体现中国民居中常用的"四水归堂"的手法。入口处大片对称的实墙对中庭对外大片洁净的玻璃形成强烈的虚实对比，简洁的变异中式窗格与对称的入口格局使得整个建筑大气而又精致。

在室内包间设计中，设计师将江南富庶之地的富有、水乡人家如诗的画面，通过不同的材质、手法去展现。从家具的设计到室内的陈设，都力求简约、明快，又不失大气，呈现出温馨、典雅、舒适、厚重的空间效果。本案的设计既符合中国人所崇尚的人文环境，又通过对中国传统元素的变异使得"印象"江南的理念得以彻底体现。

武侯首席餐厅

项目地点 / 成都
项目面积 / 1 500 平方米
主要材料 / 中国黑花岗石、灰麻花岗石、青砖、花梨木、绸缎布艺、木花格

本 案位于成都市锦里古街，在设计中延续了原有建筑中四合院式的中庭景观，并将中庭盖顶以满足经营需求。设计重在表现以三国时代为背景的视觉感受，在古意盎然的空间中，以铜雀台为主题加入了升降舞台，结合现代舞台灯光的氛围，传达了极具穿越感的室内空间感受。

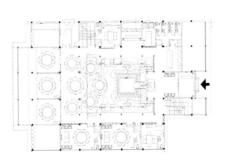

湘鄂情·源

项目地点 / 武汉
项目面积 / 1 500 平方米

本案在色彩的运用上追求纯粹，以黑、白、灰的冷静基调衬托出红色的热烈，对古老的中式元素加以提炼并简化处理。白色的中式屏风和顶棚造型相得益彰，透净的红色寓意着湘、鄂饮食文化的个性。

空间环境纯净而典雅，静谧中不失热情，没有任何多余的矫饰，那朦胧的红色清透玻璃让人似梦似幻，在富有层次感的灯光中瞬间点燃了整个餐厅的激情。

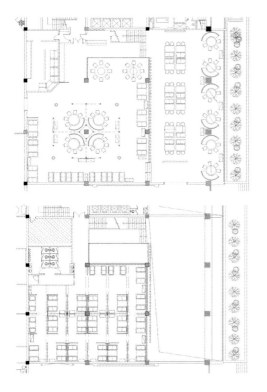

印象客家

项目地点 / 福州
项目面积 / 800 平方米
主要材料 / 铁板、仿古砖、石板条、卵石、防腐木

好的空间设计，是对文化的理解与运用，它能让他乡人找到故土的一草一木、一砖一瓦，以及日常生活的点滴。
印象客家坐落在福州鼓楼区屏西110号澳门8号的园子里，依山而建，与客家部落的分布一样。门外干枯的树枝下砻谷的石盘，用茶渣、稻草圈成的普陀坐垫，仿佛自家院子里的场景。而左侧挂着客家人迁徙的地图，更是让人感受到客家人"四海为家，追根溯源"的理念。
进入大厅，空间中无处不是故乡的影子。客家人非常爱竹，小时候常听一句俗语"笋尖灶台冒"，是说门前院后都栽种着竹，竹笋都长到灶神跟前了。本案顶棚上的圆形竹篾，就是客家人日常用来晾晒干货的常用物品，竹篾上刻上客家百家姓，好似客家祖地"石壁"祭祖处的牌位。除此之外，空间中的摆件、篱笆墙、大茶壶、官帽椅，无处不是客家人生活的影子。厅堂内摆设的红木椅子简洁、秀丽，与空间整体和谐、统一。

原膳二期

项目地点／乌鲁木齐
项目面积／1250平方米
主要材料／白洞石、木饰面板、米白色壁布、深色木地板、金属帘

位于新疆首府乌鲁木齐商业中心的原膳二期是原膳一期的一个延续。它保留了一期的古韵新风，却以不同手法表达了东方禅韵。本案的新中式风格不是纯粹的元素堆砌，而是通过对传统文化的认识，将现代元素和传统元素结合在一起，以现代人的审美需求来打造富有传统韵味的事物，让传统艺术在当今社会得到合适的体现。

本案设计师运用深色基调覆盖整个过道，在灯光方面故意只靠有序的落地烛台取光，让整个过道无形中拥有了一种东方神秘感。走入过道之中还会遇到山水枯木造景，它选用天然的装饰材料来诠释禅宗式的理性，让人心中宁静安逸。包间颠覆了以往由深色基调勾勒的空间，而以米白色为主色彩。温柔、雅致的米白色壁布，简洁、硬朗的直线条，内敛、质朴的中式家具，意味深远的中式画，古色古香的书籍，这些都使人觉得温馨、淡雅而不失大气。包间橱窗外有一片竹林，竹子挺拔苍翠、坚忍不拔、典雅高洁、婀娜多姿，天然形成了一幅壮美的诗画。在这里，你可以感受到自然、宁静而富于内涵的出尘之意，让你的心脱离城市的烦扰。

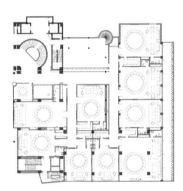

菜香源涮肉城

项目地点 / 河北
项目面积 / 1 460 平方米
主要材料 / 灰木纹大理石、雅士白大理石、灰镜、黑钛不锈钢

本案的基调定为"现代奢华的东方演绎"。整个空间设计中将灰木纹大理石、灰镜、黑钛不锈钢等材料加以全新运用，以具有自然纹理的黑钛不锈钢格栅来保持空间的整体性和流动性，以现代、简洁的风格为主，体现了设计师对国际化的追求。由于材质的关系，本空间色调为中性，所以设计师在少许空间点缀鲜艳的色彩和图案现代的块毯，彰显出有质感的现代设计。

设计师融汇中西文化精萃，把艺术、空间、时尚结合起来，从美学角度阐释了品位之作。

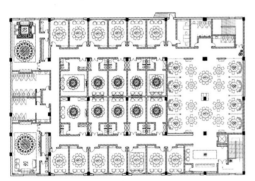

中华国宴

项目地点 / 郑州
项目面积 / 6 000 平方米
主要材料 / 青砖、青石、木雕、砖雕、黑金花大理石、樱桃木饰面板

本案一改传统的设计，力争成为国内高端五星级养生鲍参燕国宴餐厅里最经典、最奢华、最有时代感、最体现中原文化的一家。设计师以"室内与园林相结合"的设计主题，将6 000平方米空间结合室内大型园林景观与建筑构建，并将新中式风格的细腻与高贵融为一体，表达得淋漓尽致。与之吻合的黄河流域主题文化将当地传统工艺创新再造，成为时尚装饰艺术的典范，同时在精品柜中及墙面上陈列极具河南特色的艺术品，运用河南历代名家诗词艺术点明主题，使装饰空间中闪耀着璀璨的光辉，诉说着"中华开国第一宴"的主题故事。

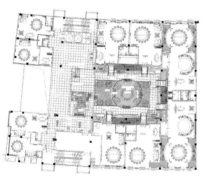

图书在版编目(CIP)数据

中式餐厅 / 精品文化编．－武汉：华中科技大学出版社，2014.3
（最爱中国风）
ISBN 978-7-5609-9567-0

Ⅰ．①中… Ⅱ．①精… Ⅲ．①餐馆－室内装饰设计－图集 Ⅳ．①TU247.3-64

中国版本图书馆CIP数据核字(2013)第299869号

最爱中国风 中式餐厅

精品文化 编

出版发行：华中科技大学出版社（中国·武汉）
地　　址：武汉市武昌珞喻路1037号（邮编：430074）
出 版 人：阮海洪

责任编辑：刘锐桢　　　　　　　　　　　　　责任监印：秦　英
责任校对：曾　晟　　　　　　　　　　　　　装帧设计：精品文化

印　　刷：小森印刷（北京）有限公司
开　　本：889 mm×1194 mm　1/32
印　　张：6
字　　数：96千字
版　　次：2014年3月第1版第1次印刷
定　　价：39.80元

投稿热线：(010)64155588-8000
本书若有印装质量问题，请向出版社营销中心调换
全国免费服务热线：400-6679-118　竭诚为您服务